图形感知能力有效提升

# 天才数学秘籍

[日] 山口荣一 著　卓扬 译

动手剪纸，掌握
分割、画辅助线求
图形面积

适用于
小学 3 年级
及以上

山东人民出版社
国家一级出版社　全国百佳图书出版单位

图书在版编目（CIP）数据

天才数学秘籍. 动手剪纸，掌握分割、画辅助线求图
形面积 /（日）山口荣一著 ；卓扬译. -- 济南 : 山东
人民出版社，2022.11
ISBN 978-7-209-14029-4

I．①天⋯ II．①山⋯ ②卓⋯ III．①数学—少儿读物 IV．①01-49

中国版本图书馆CIP数据核字 (2022) 第174477号

山东省版权局著作权合同登记号　图字：15-2022-146

**天才数学秘籍·动手剪纸，掌握分割、画辅助线求图形面积**
TIANCAI SHUXUE MIJI DONGSHOU JIANZHI，ZHANGWO FENGE、HUA FUZHUXIAN QIU TUXING MIANJI
[日] 山口荣一 著　卓扬 译

| | |
|---|---|
| **主管单位** | 山东出版传媒股份有限公司 |
| **出版发行** | 山东人民出版社 |
| **出 版 人** | 胡长青 |
| **社　　址** | 济南市市中区舜耕路517号 |
| **邮　　编** | 250003 |
| **电　　话** | 总编室 (0531) 82098914 |
| | 市场部 (0531) 82098027 |
| **网　　址** | http://www.sd-book.com.cn |
| **印　　装** | 固安兰星球彩色印刷有限公司 |
| **经　　销** | 新华书店 |
| **规　　格** | 24开（182mm×210mm） |
| **印　　张** | 5 |
| **字　　数** | 20千字 |
| **版　　次** | 2022年11月第1版 |
| **印　　次** | 2022年11月第1次 |
| **ISBN** | 978-7-209-14029-4 |
| **定　　价** | 380.00元（全10册） |

如有印装质量问题，请与出版社总编室联系调换。

# 目 录

# 致本书读者

## 数学可以很有趣

本书是《动手折纸，动脑思考，破解平面图形问题》的续作。在剪纸的图形学习中，我们希望大家掌握比前作更高难度的数学思考方法。因此，建议大家先把前一本书学透玩透后，再来使用这本书。

本书适用于小学中高年级的学生，我们始终认为，数学不是用来死记硬背的，而是用来享受的。因此，我们希望本书可以在孩子的学习中，作为激发导入、提升发展的帮手，让数学以脑力游戏的方式，和孩子们玩在一起。

## 像玩脑力游戏一样做数学题吧

在本书中，数学题目的呈现依旧会给人脑力游戏的感觉。我们希望将前作的这个优点继续保持下来。

很多学生总是把数学与"给出解法、套入具体例子解题"这一流程画上等号，这与我们日常的数学教学不无关系。先学习运算方法，然后解决切合生活的问题，这种固化模式也让学生对数学学习产生了思维定势：学习的内容是能直接应用的。

而脑力游戏的学习恰恰与之相反，它是将所学的知识重新整合，以此来解决更加新颖的问题。因此，我们认为学习的关键不是去记忆解法，而是去体会解法的工具性作用。

## 体味解题的欣喜

数学因解决具体问题而诞生，是最适合培养逻辑性思维的学科。原因很简单，数学对正误的判断清晰而明确。数学，就是这样一门能带给人诸多体验的学科，它并不是记忆、套用的流水化作业代名词。我们非常希望通过本书，能给小学生的数学挑战之路增添趣味和欢乐。

# 本书使用指南

**1** 培养图形意识

　　首先，要理解问题的意思。可以将正方形的折纸用纸作为思考的道具，稍微折得不好，也没有关系。

　　画图也是同样，不需要一笔一画为精确性斤斤计较。比起追求完全准确的画图、折纸流程，在脑海中将问题具象化，并抓住问题的解题关键才是最重要的。

**2** 以折纸为道具进行思考

　　思考完毕之后，根据题目指示，拿出纸来边折边剪边思考问题吧。当然，不使用折纸用纸，直接进行题目的作答也是完全没有问题的。不过，以折纸为道具进行思考，收获到的就不仅仅是解决纸上问题的感觉了。因此，我们还是推荐动一动手，以折纸为道具确认答案。

　　在本书精选的题目中，有一部分是"思维拓展"这一难度的问题。一道一道循序渐进地闯关，你会发现这些问题好像也没有想象中的那么难了。请不慌不忙、踏踏实实、仔仔细细地进行解题吧。

**3** 没有思路请看答案

　　我们并不反对孩子在没有思路的时候去翻看答案。但前提是，请保证15分钟的有效思考。

　　在充分思考之后，即使是答题错误也没有关系。因为比正确率更重要的是培养持之以恒的思考能力。坚持5分钟，坚持15分钟，俗话说得好，坚持到底就是胜利。

④ 边看答案边思考

在数学的学习中，我们不提倡"对过答案就算结束"的做法。与之相对，"为什么会得出这样的结果"更需要学生的理解和探究。

解答的正确与否的确很重要，同时，也希望孩子们重视动动手、动动脑的解题过程，以及解题方法的确认。

⑤ 学有余力可以挑战画图

在图形问题中，经常会借助辅助线，让问题变成熟悉的图形，这也是解题的关键。在折纸中，会出现各种各样的折痕，很多时候它们就担当了辅助线的作用。

在本书中，也会讲解画图的解题方法，请努力学习掌握。看着带着问题的图，自己照着再画一次，也是一种学习——既能练习画图的手感，也能练习如何借助辅助线思考问题。千万不要怕麻烦，认真对待吧。

## 问题难度示意

在本书中，用涂色千纸鹤表示各个问题的难度。

| | |
|---|---|
| 🕊🕊🕊🕊 | 初级难度 |
| 🕊🕊🕊🕊 | 中级难度 |
| 🕊🕊🕊🕊 | 高级难度 |
| 🕊🕊🕊🕊 | 学霸级难度 |

折一折，
剪一剪，
去发现

　　拿出一张纸，折一折、剪一剪，有助于孩子体会图形的性质。从简单的问题开始，就像制作一幅剪贴画一样。你也许很会使用剪刀也很会剪纸，不过对于本书的图形问题，不需要剪出花儿来，只需直直地剪下去就可以了。

　　展开纸的形状，是否和你想象中的一样？我们可能会遇到折错剪错的情况，请记住，每一次错误都是前行的试炼石。需要做的是，努力找出出错的原因。本书的学习主旨是"乐学善学"，实在没有思路的话，请别纠结直接略过吧。

**本章涉及的数学概念**　　（ ）内为参考使用年级

- 正方形（小学 3 年级～）
- 长方形（小学 3 年级～）
- 菱形（小学 4 年级～）
- 对角线（小学 4 年级～）
- 三角形（直角三角形、等腰三角形、等腰直角三角形）（小学 4 年级～）
- 三角形的面积·角度（小学 5 年级～）

如下图所示，将折纸用纸进行 2 次对角折，然后沿着❹的虚线剪去。

打开之后，猜一猜会是怎样的剪纸图案（图形）？

如果想象不出来的话，就拿出纸剪一剪吧。

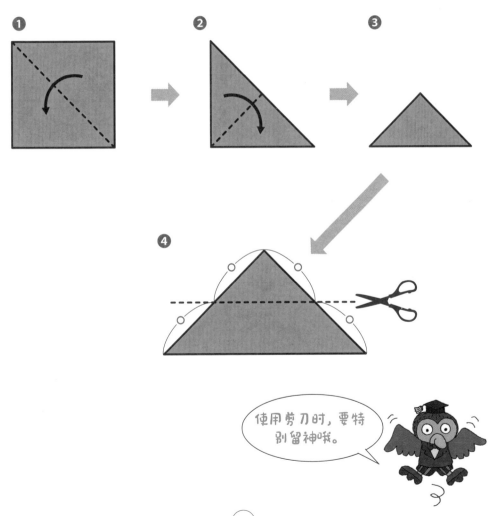

使用剪刀时，要特别留神哦。

展开剪纸，如下图所示，会发现纸的中间出现了一个四边形。

剪下来的图形就是"正方形"。

正方形是四条边都相等、四个角都是直角的四边形。

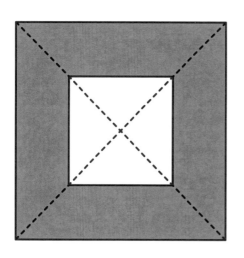 

折纸用纸也是正方形哦！

这次，不再是沿着对角线（连接多边形任意两个不相邻顶点的线段）折叠的对角折，而是沿着不相邻边重合的对边折。

沿着❹的虚线剪去，打开之后，猜一猜会是怎样的图形？

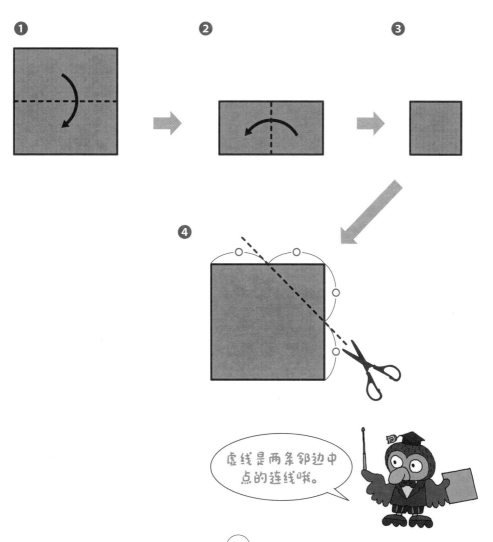

虚线是两条邻边中点的连线哦。

这次的剪纸图案，如下图所示。

剪下来的图形是一个小四边形，它的四条边都相等、四个角都是直角，因此它也是正方形。

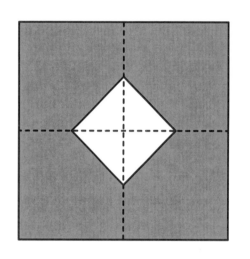

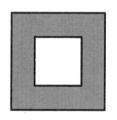

和问题1相比，正方形的大小是不是一样的呢？

在问题1中，是沿着❹的虚线剪了一刀。
如下图所示，这一次沿着斜下方直线剪一刀，
猜一猜剪下来的是什么图形？
脑海中有了样子之后，就开始操作吧。

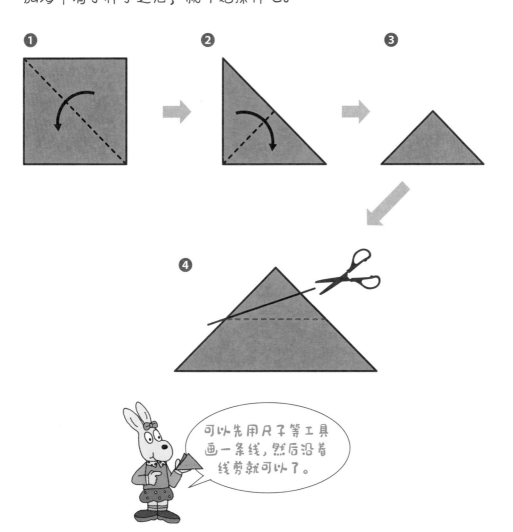

可以先用尺子等工具
画一条线，然后沿着
线剪就可以了。

剪下来的图形叫做"菱形"。它是四条边都相等的四边形。如下图所示，它的两条"对角线"互相垂直。大家可以通过折痕来确认一下。

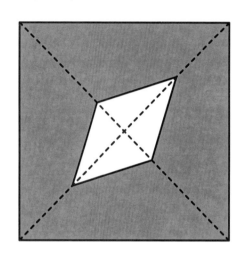
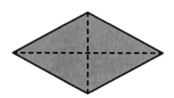

正方形是一种特殊的菱形。

[ 正方形与菱形的区别 ]

| 正方形 | 菱形 |
|---|---|
| 四条边都相等 | 四条边都相等 |
| 四个角都是90° | 对角相等，邻角不一定相等 |
| 对角线长度相等 | 对角线长度不一定相等 |
| 对角线互相垂直 | 对角线互相垂直 |

在进行让对边重合的对边折之后，请沿着❹的斜上方直线剪一刀，猜一猜剪下来的是什么图形？

赶快回想一下问题2的解法!

如下图所示，这次剪下来的图形也是菱形。可以回过头看一看前两道问题。

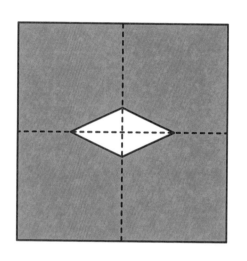 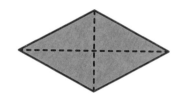

它和第14页的菱形具有相同的特征吗？

重现一下问题1吧！如图1所示，将折纸用纸进行2次对角折后，沿两边中点的连线剪一刀。如图2所示，这是展开后的剪纸图案。

图2的面积是正方形 EFGH 面积的多少倍？

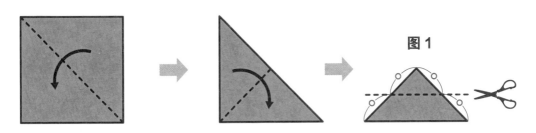

图1

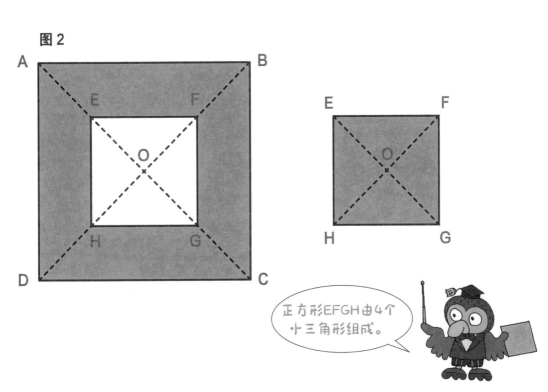

图2

正方形EFGH由4个小三角形组成。

**解析** 大家可能觉得有一点难。如下图所示，沿着虚线对折一下，进行确认吧。

**图 2**

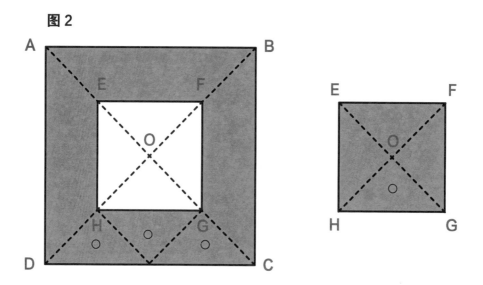

图 2 由 3×4 = 12（个）小三角形组成，

正方形 EFGH 由 4 个小三角形组成，

因此，图 2 的面积是正方形 EFGH 的 3 倍。

剪纸之后，比一比面积的大小，是件有趣的事。

①将折纸用纸剪成两部分，然后组合出如下所示的三角形。

应该怎么剪呢？

②∠α 和角∠β 的度数各是多少？

可以尝试各种剪法哦！

解析

①沿着对角线，将折纸用纸剪成两半。
　然后如下图所示，进行组合。

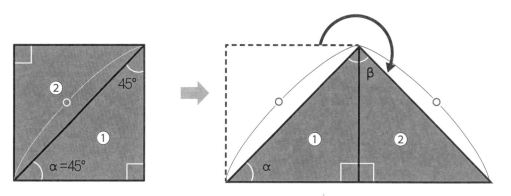

②正方形的对角线平分对角，因此，∠α 的度数为：
　90°÷2 = 45°。
　∠β 的大小是∠α 的 2 倍，即
　45°×2 = 90°。

∠β 是直角，
夹着直角的两条直角边相
等，这样的三角形叫做
"等腰直角三角形"。

① 将正方形 ABCD 折纸用纸剪成两部分，然后组合出如下所示的三角形。

应该怎么剪呢？

② 假设折纸用纸的边长是 12cm，那么，组合而成的三角形的边长 $a$（底边）和 $b$（高）的长度各是多少？

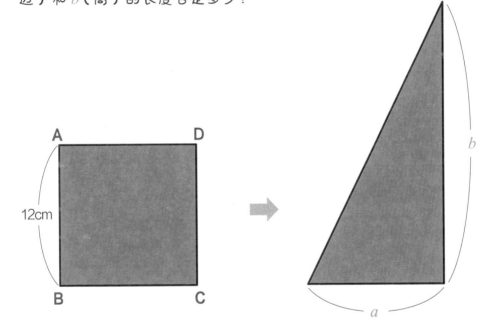

12cm

这个三角形是"直角三角形"呀。

**解析** ①如下图所示，连接边 AD 线段的中间点（称为"中点"）和点 B。然后沿着这条线剪一刀。

将剪下来的三角形进行组合，这就是所要剪的直角三角形。

②底边 a 和正方形的边长相等，即 12cm。

高 b 是正方形边长的 2 倍，即 24cm。

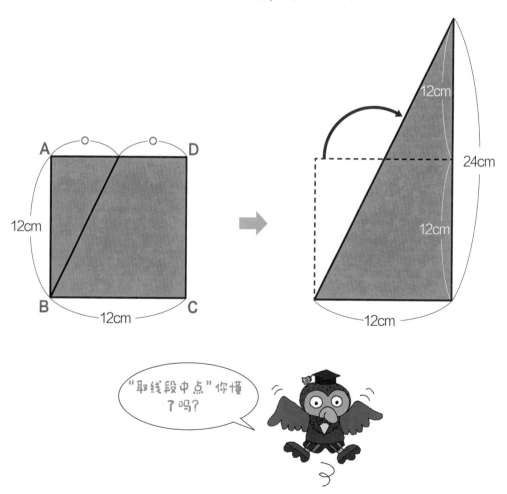

将正方形 ABCD 折纸用纸剪成三部分，然后组合出如下所示的三角形。
应该怎么剪呢？

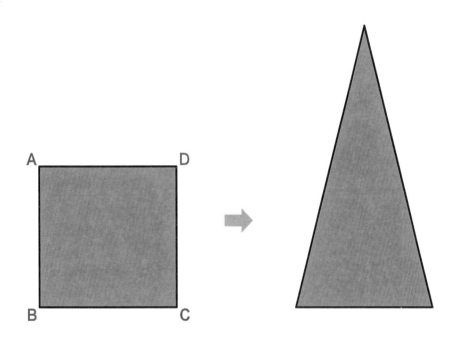

如图 1 所示，将边 AD 进行四等分，作出点 P，Q。

连接 BP 和 CQ，然后沿着这两条线剪下来。

如图 2 所示，将剪下来的三角形进行组合。

图 2 的三角形叫做"等腰三角形"。

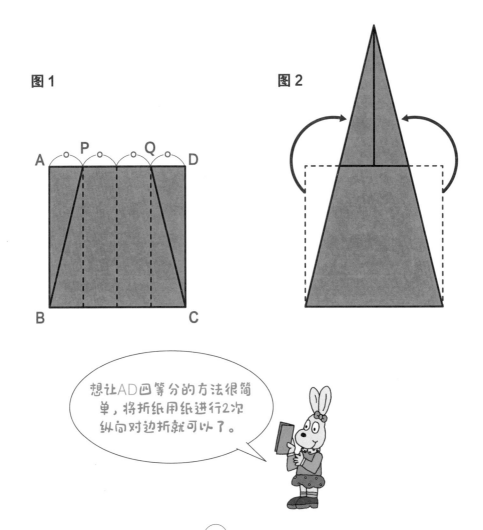

图 1

图 2

想让AD四等分的方法很简
单，将折纸用纸进行2次
纵向对边折就可以了。

①将正方形 ABCD 折纸用纸剪成三部分，然后组合出如下所示的菱形。
应该怎么剪呢？

②假设折纸用纸的边长是12cm，那么菱形的对角线中，短的那一条线的
长度是多少？

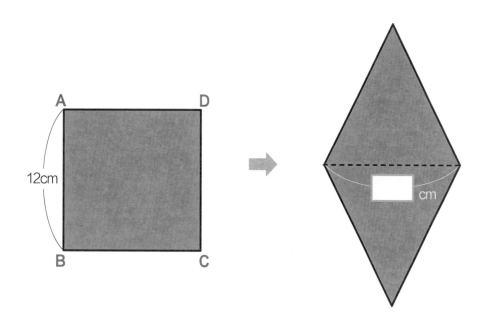

菱形的四条边
都相等。

解析

① 如图 1 所示，将折纸用纸进行纵向对边折，作出中点 P。
　接着，连接 BP 和 CP，沿着这两条线剪下来。
　如图 2 所示，将剪下来的三角形进行组合。
② 菱形的对角线中，短的那一条是 BC。它的长度等于最初正
　方形的边长，即 12cm。

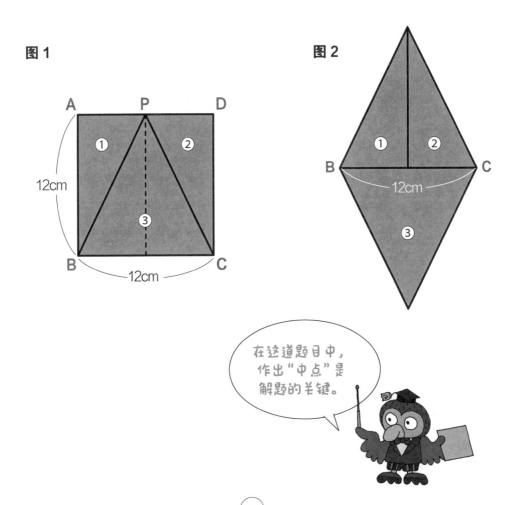

图 1

图 2

在这道题目中，
作出"中点"是
解题的关键。

①将正方形 ABCD 折纸用纸剪成三部分，然后组合出如下所示的 2 个三角形。

应该怎么剪呢？

②比较一下组合而成的 2 个三角形的面积。

动动手剪起来吧，然后把2个三角形叠在一起比比大小。

**解析**

① 这道题似乎有些难度哦！如下图所示，在合适的地方折出折痕，然后连接 BP 和 CP，可以发现分别是 2 个长方形的对角线。沿着这两条线剪下来，剪下来的三角形 ABP 和三角形 PDC 可以组合成一个三角形。

② 因为 2 个三角形的底边和等于正方形的边 AD 的长，它们的高也相等，因此面积也相等。

（可以把 2 个三角形叠在一起比较大小）

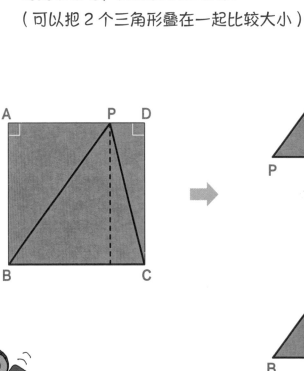

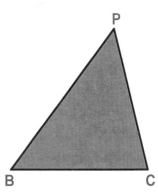

移动点P的位置，依旧能组合出2个相同的三角形哦！拿起纸来试试吧。

将折纸用纸（大正方形）剪成若干份，然后组合出 2 个大小相等的小正方形。应该怎么剪呢？

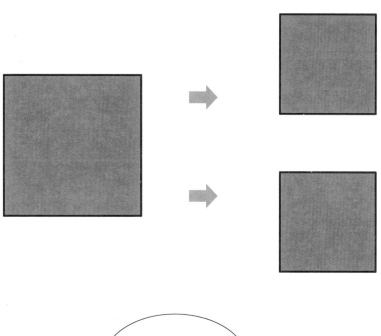

如果要剪出4个小正方形，那就简单了……

如图Ⓐ所示，将折纸用纸进行 2 次对边折，接着将角向中心折叠，然后沿着折痕剪下小三角形，并进行组合。

如图Ⓑ所示，将折纸用纸进行 2 次对角折，然后沿着折痕剪下小三角形，并进行组合。

这是一道经典的平分正方形题目，请好好理解掌握解法哦。

如图1所示，边长为 8cm 的折纸用纸被分成了三部分。如图 2 所示，它们可以组成长方形。

请问长方形的宽 $a$ 和长 $b$ 的长度各是多少？

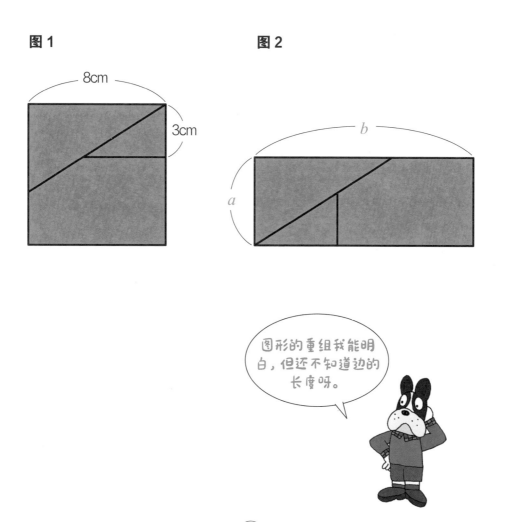

图1

图2

**解析** 在第 31 页图 2 中，可知长方形的宽等于：8 - 3 = 5（cm），
因此 $a$ 是 5cm。

重组后长方形的面积和最初折纸用纸的面积相等，

即 8×8 = 64（cm²）

已知长方形的宽 $a$ 是 5cm，

可得长 $b$ 等于：64÷5 = 12.8（cm）

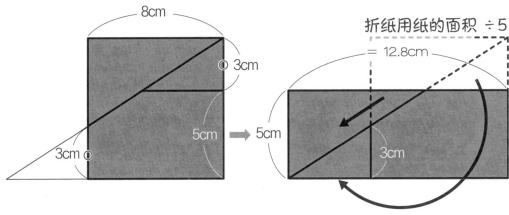

折纸用纸的面积是：

8×8 = 64（cm²）

图形重组后面积不变，这就是解题的关键。

有一个长为 10cm、宽为 6cm 的长方形 ABCD。

如图 1 所示，将长方形分成三部分，然后组成如图 2 所示的长为 8cm 的长方形。图中 $a$, $b$ 的长度各是多少？

**图 1**

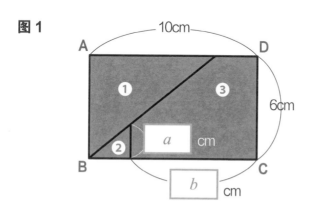

**图 2**

长方形经过重组后，面积也不变哦!

解析 已知图2的长方形长为8cm，因此在图1中，把 CD 延长2cm，作出点 E，并连接 BE。已知 FQ 和 DE 相等，即2cm，且三角形 EPD 和三角形 QBF 形状大小相等。将三角形 ABP 向斜右上方移动，就能组成图2所示的长方形了。

图 1

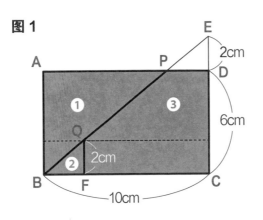

图 1 的面积为：
6 × 10 = 60（cm²）

图 1 和图 2 的面积相等，所以图2长方形的宽等于：
60 ÷ 8 = 7.5（cm）

因此，a 为2cm，b 为7.5cm。

图 2

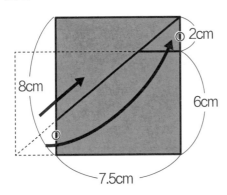

本章完成了，好棒呀！

只剪一次
图形

在本章中，我们将努力寻找只剪一次就能剪出所要剪的图形的方法。

在本书的前几道题目中，我们只剪了一刀，就剪出了正方形。大家觉得简单，可能是因为正方形本身所具备的独特对称之美。与之相比，接下来出现的平行四边形、三角形的图形要求，可能会提升题目的难度。

因此在本章中，我们建议孩子拿出笔在纸上画出需要剪的部分。此外，思考应该怎样折也是解题的关键。

"对折后剪一次"意味着剪出来的图形是边长相等的轴对称图形。沿着对称轴折叠，两旁的部分能够互相重合，这条对称轴也能把对角平分。

在画图的时候，尽量使用圆规或尺子，这也是一种绘图练习。线可以画得稍微粗一些。

遇到比较麻烦的作图情况时，家长可以和孩子一起想想办法、多多尝试。

**本章涉及的数学概念**   （ ）内为参考使用年级

- 三角形（等边三角形、等腰三角形）（小学 4 年级~）
- 四边形 [ 正方形、长方形（小学 3 年级~）平行四边形、梯形（小学 4 年级~）]
- 五边形及以上多边形（小学 5 年级~）

这是一道复习题。

如下图所示，将折纸用纸只剪一次就能剪出正方形，

应该怎么折、怎么剪？

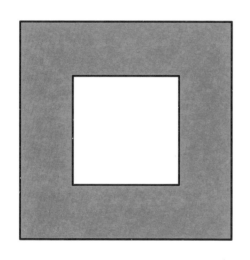

回想一下问题1吧！

这道题很简单！
如下图所示，将折纸用纸进行 2 次对角折，然后沿❹的虚线剪一刀，
就是所要剪的图形！

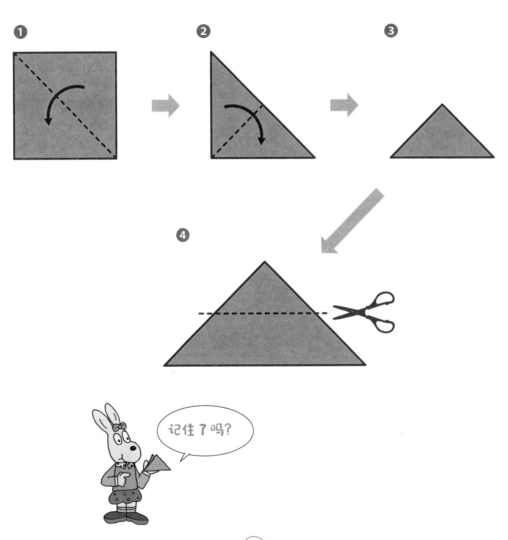

如下图所示，八条长度相等的线段围成的图形叫做"正八边形"。将折纸用纸只剪一次就能剪出正八边形，想想之前剪正方形的方法，应该怎么折、怎么剪？

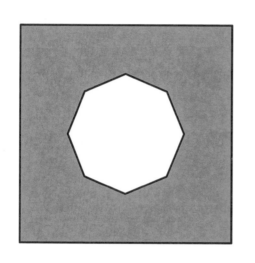

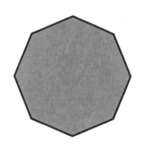

正八边形的边的数量是正方形的2倍。这就是解题的关键!

比剪正方形时再多进行 1 次（一共 3 次）对角折就可以了。

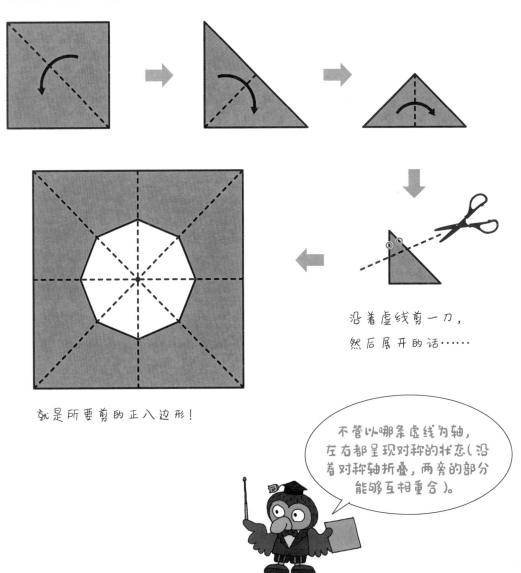

沿着虚线剪一刀，
然后展开的话……

就是所要剪的正八边形！

不管以哪条虚线为轴，
左右都呈现对称的状态（沿
着对称轴折叠，两旁的部分
能够互相重合）。

如下图所示，将折纸用纸只剪一次就能剪出正六边形，
应该怎么折、怎么剪？

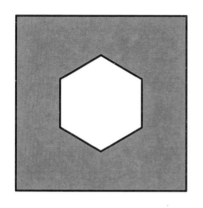

刚才学习了剪正方形和正八边形的方法……

 如果没有思路的话，就先在纸上画一个正六边形吧！

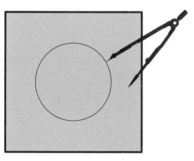

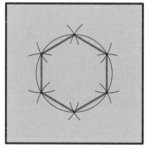

**致读者**

正六边形画法：用圆规画一个圆；在圆周上任意找一点作为圆心，半径不变画弧，弧线与圆相交；以弧线与圆相交的地方作为圆心，继续画弧；画出与圆相交的六个点；用直尺将六个点连接起来。

 **提示**

首先沿图形的中央对折。
然后折叠正六边形的邻边，使之重合。
当所有边都重合时，就可以开始剪了。

如下图所示，使用画好正六边形的折纸用纸进行操作。首先，沿对称轴（中心线）进行对折。然后，依次折叠，使每条边重合。

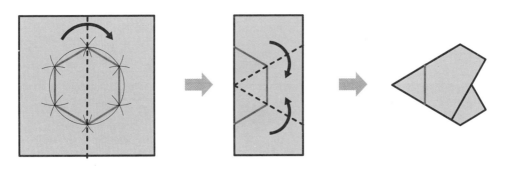

依次折叠，使每条边重合。

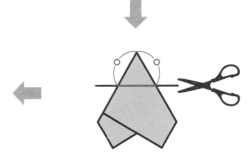

沿着最后出现的一道
线剪下去。

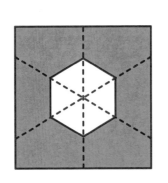

展开就是正六边形！

首先沿对称轴进行对折，
然后依次折叠使每条边重合。
这个解题关键要记牢。

正六边形都会剪了，正十二边形还会远吗？

只剪一次，应该怎么折、怎么剪？

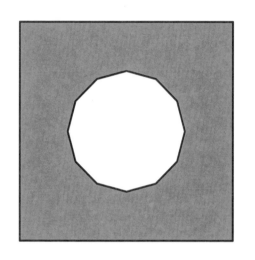

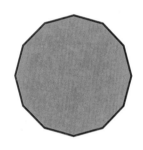

来算一算，正十二边形的边的数量是正六边形的多少倍……

在剪正六边形的基础上，再多进行 1 次对折就可以了。要稍微调整一下剪的位置哦。

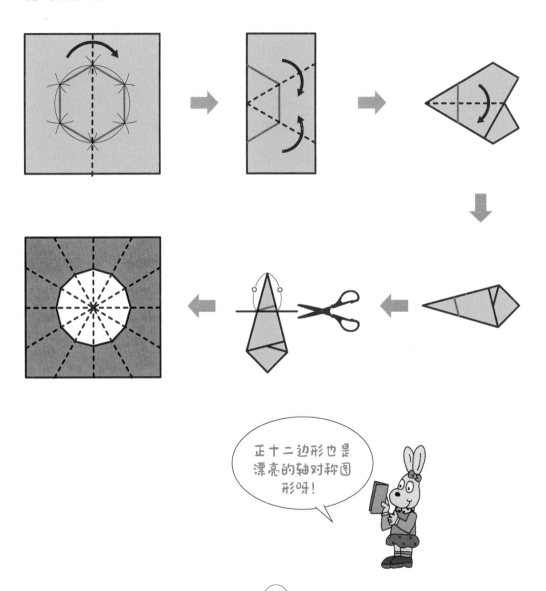

正十二边形也是漂亮的轴对称图形呀！

这是一道变异六边形的应用问题。这个图形你可以剪一次就能剪出来吗？

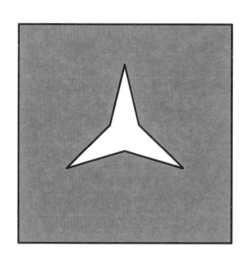

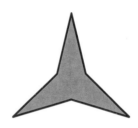

好神奇的图形呀，它和正六边形好似有着千丝万缕的关系。快想一想正六边形是怎么剪的！

变异六边形每条边的长度也相等，因此和剪正六边形时的折法相同。

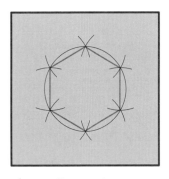

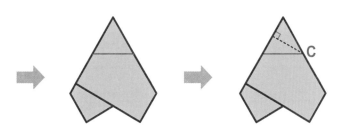

首先，画出正六边形。

和剪正六边形时的折法是一样的！

过顶点 C 作一条垂直于另一边的线（垂线）。

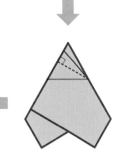

沿着线往斜上方剪一刀。

在垂线上方过点 C 再画一条线……

如果沿着垂线剪一刀，会怎么样？试试才知道！

现在我们继续挑战正五边形。如下图所示，将折纸用纸只剪一次就能剪出正五边形，应该怎么折、怎么剪？

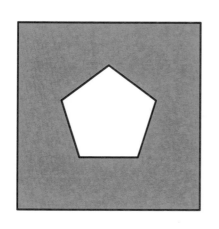

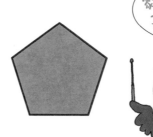

家长可以帮助孩子一起画哦。

 如果没有思路的话，就用圆规、量角器、尺子在纸上画一个正五边形吧。画出中心角为 72° 的正多边形，就是所求的正五边形了。同时，大家也可以想一想正六边形的中心角是多少度。

### 致读者

一个正多边形的相邻的两个顶点与它的中心的连线的夹角，叫做中心角。求中心角：

正五边形：$360 \div 5 = 72°$

正六边形：$360 \div 6 = 60°$

……

正n边形：$360 \div n$

大家可以使用量角器多多练习。

随着n的增大，正多边形会越来越接近于圆。

和剪正六边形的折法相同，先要沿着对称轴对折，
然后使所有边都重合。

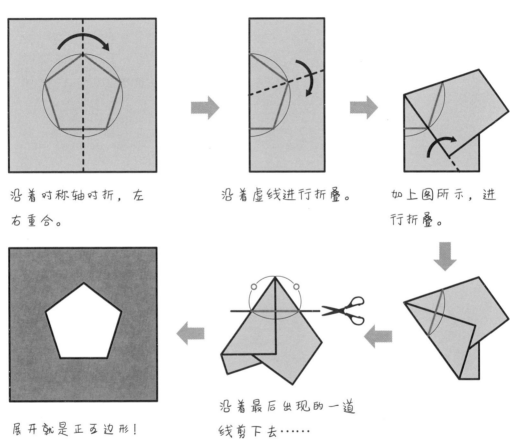

沿着对称轴对折，左
右重合。

沿着虚线进行折叠。

如上图所示，进
行折叠。

沿着最后出现的一道
线剪下去……

展开就是正五边形！

你抓住解决问题的
诀窍了吗?

这是一道五角星的问题。这个图形你可以剪一次就能剪出来吗？

✏️ 如果没有思路的话，就先在纸上画一个五角星吧！

**致读者**

用直尺连接正五边形的所有对角线，就能画出五角星。

看上去似乎很难的样子，其实折法和剪正五边形时是一样的哦！

和剪正五边形时的折法相同，首先沿着对称轴对折，接着继续折叠使所有边都重合。

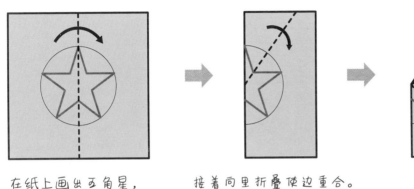

在纸上画出五角星，
首先沿着对称轴进行
对折。

接着向里折叠使边重合。

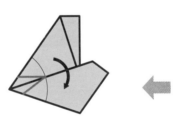

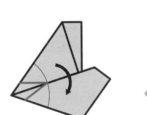

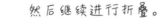

沿着最后出现的一道线剪
下去，展开就是五角星。

然后继续进行折叠。

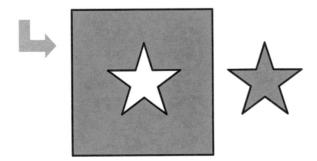

现在轮到三角形了。如下图所示，将折纸用纸只剪一次就能剪出等腰三角形，应该怎么折、怎么剪？

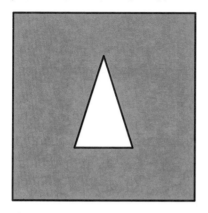 

如果没有思路的话，就先在纸上画一个等腰三角形吧！

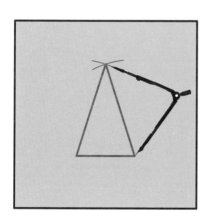

沿着对称轴对折，使边重合。

**致读者**

先画出底边，分别以线段两端为圆心，任意长度为半径画弧。弧线相交的位置就是顶点。最后用直尺连接各点。

如果没有圆规，还可以这样剪出来。

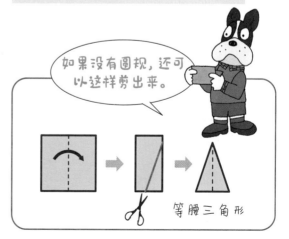

等腰三角形

沿着对称轴对折，这一步和其他题目都一样。
然后注意了，需要沿着平分底角的线对折。

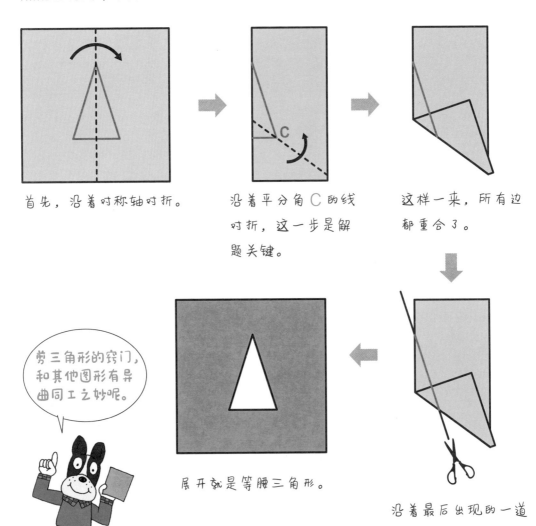

首先，沿着对称轴对折。

沿着平分角 C 的线
对折，这一步是解
题关键。

这样一来，所有边
都重合了。

剪三角形的窍门，
和其他图形有异
曲同工之妙呢。

展开就是等腰三角形。

沿着最后出现的一道
线剪下去……

如下图所示，将折纸用纸只剪一次就能剪出3条边都相等的等边三角形，应该怎么折、怎么剪？

如果没有思路的话，就先在纸上画一个等边三角形吧！

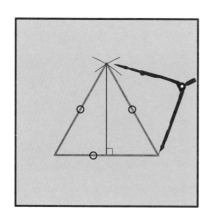

快想一想剪等腰三角形的折法！

**致读者**

先画出底边，分别以线段两端为圆心、底边为半径，使用圆规画弧。弧线相交的位置就是顶点。最后用直尺连接各点。

如果没有圆规，还可以这样剪出来。

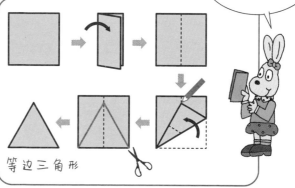

等边三角形

剪等边三角形的折法，和剪等腰三角形的折法相同。

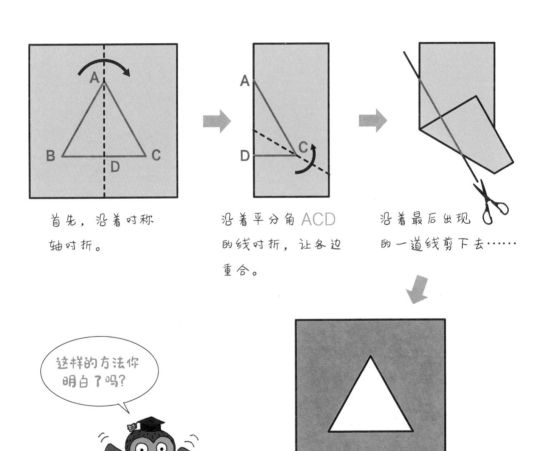

首先，沿着对称轴对折。

沿着平分角 ACD 的线对折，让各边重合。

沿着最后出现的一道线剪下去……

这样的方法你明白了吗?

展开就是等边三角形。

现在轮到四边形了。如下图所示，将折纸用纸只剪一次就能剪出长方形，应该怎么折、怎么剪？

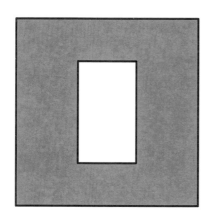 

✏️ 如果没有思路的话，就先在纸上画一个长方形吧！

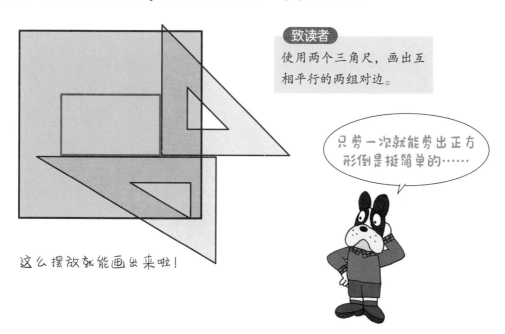

这么摆放就能画出来啦！

**致读者**

使用两个三角尺，画出互相平行的两组对边。

只剪一次就能剪出正方形倒是挺简单的……

还记得剪多边形的思路吗？首先沿着对称轴对折，接着继续折叠使所有边都重合。

在这里，我们将介绍两种方法。

❶沿对称轴对折，然后向里折叠，让长方形的宽和长重合。

❷把长方形回缩折成正方形，继续折叠。

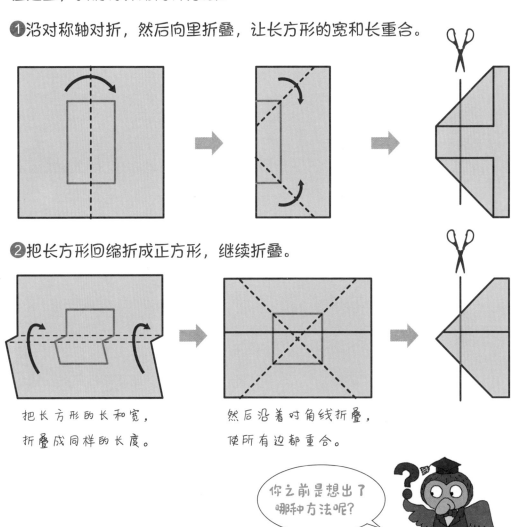

把长方形的长和宽，
折叠成同样的长度。

然后沿着对角线折叠，
使所有边都重合。

你之前是想出了
哪种方法呢？

如下图所示，将折纸用纸只剪一次就能剪出平行四边形，应该怎么折、怎么剪？

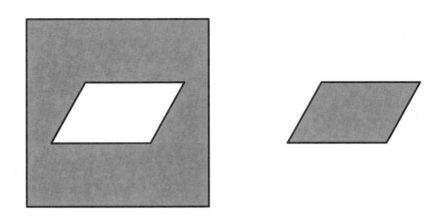

如果没有思路的话，就先在纸上画一个平行四边形吧！

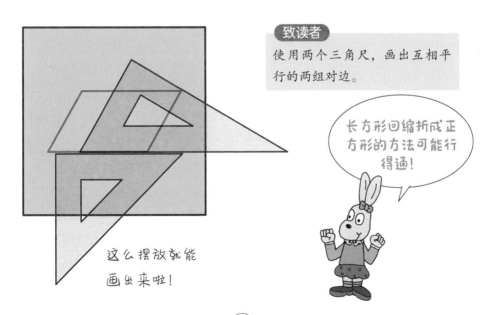

**致读者**

使用两个三角尺，画出互相平行的两组对边。

长方形回缩折成正方形的方法可能行得通！

这么摆放就能画出来啦！

如问题 23 中剪长方形的方法❷所示，可以先将平行四边形回缩折成菱形。然后，沿着对角线继续折叠。

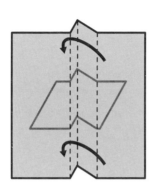

把平行四边形的边，折叠
成同样的长度……

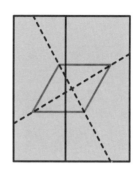

回缩折成菱形。

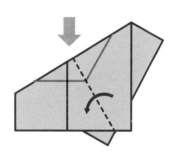

然后，沿着对角线折叠。

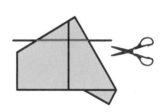

沿着最后出现的一道线
剪下去，展开就是平行
四边形。

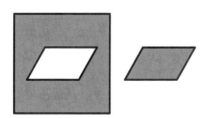

平行四边形可以看作
是延长版的菱形。

本章最后一关！如下图所示，将折纸用纸试着只剪一次就能剪出等腰梯形吧。

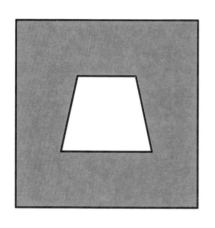 

如果没有思路的话，

就先在纸上画一个等腰梯形吧！

你能画出一组对边互相平行、

一组对边长度相等的等腰梯形吗？

不要把等腰梯形的底边画得太长啦。

如下图所示，等腰梯形也是轴对称图形。因此，先沿对称轴折叠，然后继续折叠使所有边都重合。

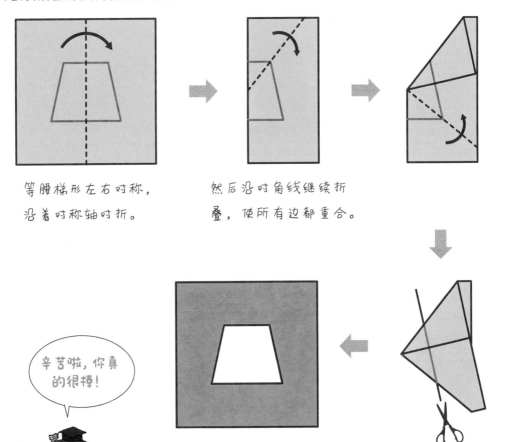

等腰梯形左右对称，沿着对称轴对折。

然后沿对角线继续折叠，使所有边都重合。

沿着最后出现的一道线剪下去，展开就是等腰梯形。

辛苦啦，你真的很棒！

# 网格中的
# 数学

因为常用的折纸用纸的形状是正方形，所以进行等分折叠是很简单的事。给正方形画上均匀的网格，以此为基础的题目，也是考试中的常客。

在本章中，我们将会引入网格作图和面积问题。这些题目光在脑子里想，难度会很大。因此，建议大家画出网格让图形具象化，这非常有助于对问题的直观体会。

折纸、剪纸都是具有视觉性、触觉性的操作，它们将帮助孩子理解图形。

当然，由折痕创造的网格本身，准确性并不太高。因此，我们的要求也不需要过于严苛。折痕也好网格也罢，当成理解的工具就可以了。

**本章涉及的数学概念**　（ ）内为参考使用年级

● 最大公因数（小学 5 年级~）

● 规律性（小学 1 年级~）

● 正方形·三角形的面积（小学 5 年级~）

如图1所示，在折纸用纸（大正方形）上折出折痕，
形成 4×4 的网格。

**图1**

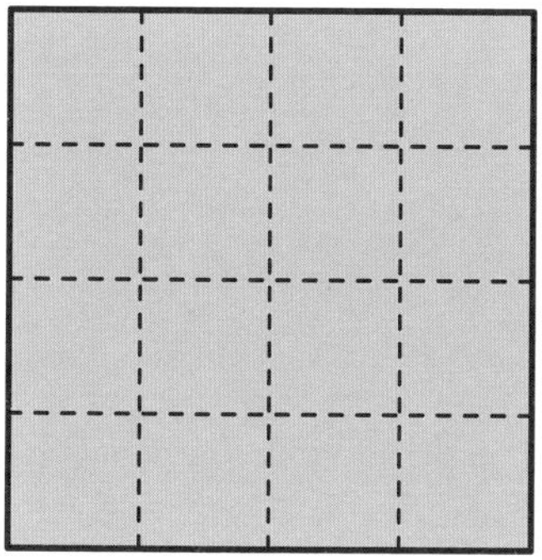

**图2**

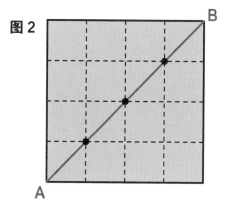

如图 2 所示，连接点 A 和点 B，可以发现线段通过网格的交点。
同时，线段接触的网格有 4 个，没有接触的网格有 12 个。

如图 3 所示，将 4×4 的网格横向折叠隐藏一行，形成如图 4 所示的 4×3
的 12 个网格。再次连接点 A 和点 B，线段接触的网格有多少个，没有接触
的网格又有多少个？

**图3**

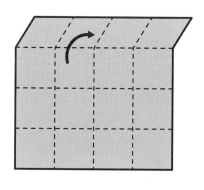

**图4**

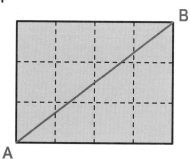

解析

图1

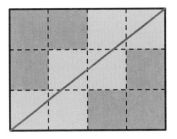

如图 1 所示，线段接触的网格有 6 个，剩下没有接触的网格个数为：

12 − 6 = 6（个）。

图2

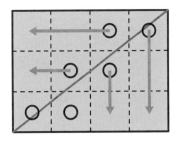

如图 2 所示，这是另一种方法。在直接接触的网格做上标记（○），并进行移动。那么，直接接触网格的数量等于

横行圆的个数 + 竖列圆的个数 − 1。

将横行的圆和竖列的圆相加，然后减去重复计算的 1 个圆。

这样解释的话，就很容易理解啦！

在折纸用纸（大正方形）上折出折痕，

形成 8×8 的网格。

假设折纸用纸横向折叠隐藏一行，形成横 7 行、竖 8 列的 56 个网格。

连接点 A 和点 B，线段接触的网格有多少个，没有接触的网格又有多少个？

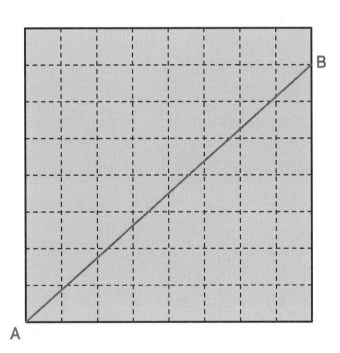

**解析** 如下图所示，在直接接触的网格做上标记○，并进行向左、向下的移动。

然后，答案就呼之欲出了。

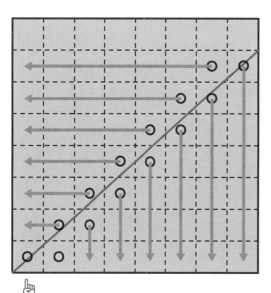

👆 将横行的圆和竖列的圆相加，然后减去重复计算的1个圆。

$7 + 8 - 1 = 14$（个）

因此，可知接触的网格有 14 个。

剩下没有接触的网格个数为：
$7 \times 8 - 14 = 42$（个）。

在问题 26 中，我们已经学习了这种计数方法。直接接触网格的数量等于

横行圆的个数＋竖列圆的个数－1。

公式不是用来死记硬背的，是用来理解的。

在问题 27 中，使用了 8×7 的网格。

现在我们使用 8×6 的网格，连接点 A 和点 B，

线段接触的网格有多少个？

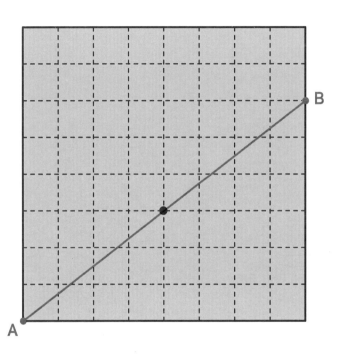

卜正方形的顶点就是"格点"。

这条线段穿过了格点！

**解析** 如下图所示，使用8×6的网格，线段穿过P点。
它也是一条横向和一条纵向折痕的交点。

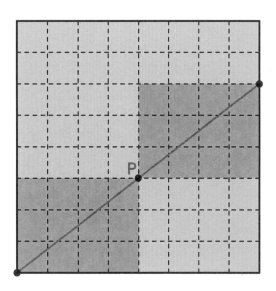

以该格点为分界点，将网格分成2个小长方形进行思考。

每个小长方形都是4×3的网格。

在每个小长方形中，线段接触的网格个数是：

4 + 3 − 1 = 6（个）。

因此，2个小长方形就是：

6 × 2 = 12（个）。

**给已经学过最大公因数的小伙伴**

用求横行和竖列的最大公因数（公因数中最大的是最大公因数）的方法，可以使计算更加简便。以本题为例，可知横6行、竖8列的最大公因数是2。即，6 = 3 × ②，8 = 4 × ②。也就是说，该网格可分成2个3×4的小长方形网格。

能够发现事物的规律性，对于数学是很重要的能力哦！

这是一个由许许多多的小正方形组成的图形，横 16 行、竖 28 列。

连接点 A 和点 B，线段接触的网格有多少个？

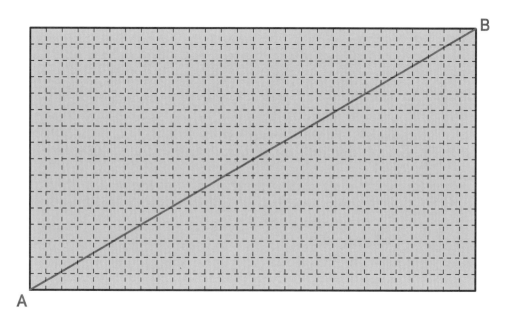

线段和哪些格点相交，快来找一找吧！

解析

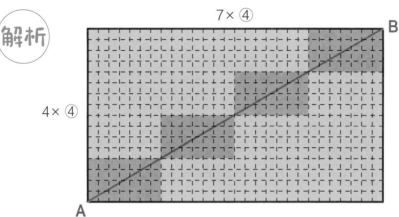

7 × ④

4 × ④

B

A

如上图所示，以格点为分界点，将网格分成 4 个小长方形进行思考。

每个小长方形都是 7×4 的网格。

在每个小长方形中，线段接触的网格个数是：7 + 4 − 1 = 10（个）。

因此，4 个小长方形中线段接触的网格共有：

10 × 4 = 40（个）。

### 利用最大公因数来求小长方形网格的数量

16 和 28 的最大公因数是 4。

16 = 4 × ④

28 = 7 × ④

因此可知，该网格可分成 4 个 7×4 的小长方形网格。

发现题目之间的共通点，是解题的关键。

如下图所示，将折纸用纸进行对边折，折成四等份。然后，连接点 B 和点 D。

涂色部分的面积是全部的 $\dfrac{\square}{\square}$ 。

请在 □ 中填入数字。

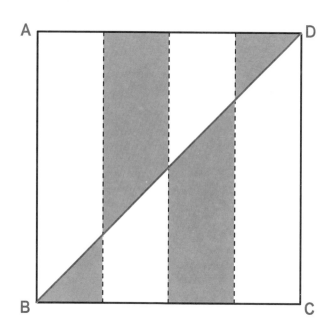

先在纸上折出折痕，然后进行思考吧。

**问题 30** 答案 $\left[\dfrac{3}{8}\right]$

**解析** 在线段 BD 和竖向折痕相交的位置，作横向折痕，形成网格。也就是说，这个大正方形被分成了 4×4 的网格。（在折纸用纸上动手折一折吧！）

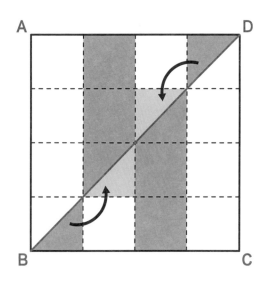

数一数网格数量，答案就呼之欲出了。

如左图所示，将三角形进行移动。然后数一数涂色部分小正方形的数量，一共是 6 个网格。

大正方形是 4×4 = 16（格），涂色部分占总体的 $\dfrac{6}{16}$，即 $\dfrac{3}{8}$。

作出横向折痕是解题的关键！

现在轮到长方形了。

如下图所示，将大长方形进行纵向四等分。然后，连接点 B 和点 D。

涂色部分的面积是全部的 $\frac{\square}{\square}$ 。

请在□中填入数字。

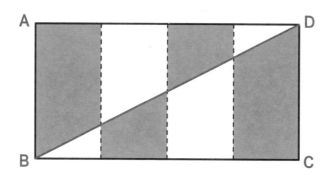

对于长方形也是同一种解题思路哦！

虽然网格的形状变成了长方形，但解题方法还是一样的。和之前的题目一样，作横向折痕形成网格，是解题关键。可以发现，大长方形的网格数量是 $4 \times 4 = 16$（格）。

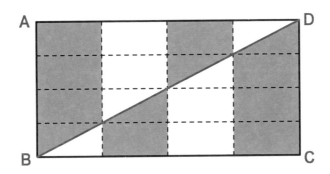

作出横向折痕后，有助于理解问题。

两个涂色三角形组合在一起是 1 个涂色网格。数一数，涂色部分网格数量一共是 10 个。

大长方形是 $4 \times 4 = 16$（格），涂色部分占总体的 $\frac{10}{16}$，即 $\frac{5}{8}$。

如下图所示，将边长是 12cm 的折纸用纸进行纵向四等分。

然后，连接线段 PD。

涂色部分的面积是 ☐ cm² ，请在☐中填入数字。

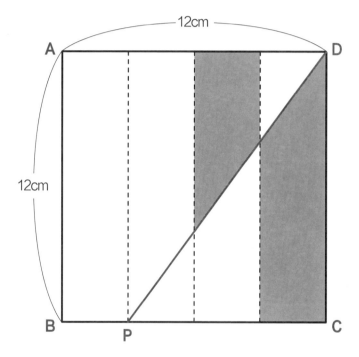

这道题的解题窍门，也是作横向折痕。

解析

如下图所示，在线段 PD 和竖向折痕相交的位置，作横向折痕，形成网格。

可以发现，两条横向折痕将 AB 三等分。大正方形分成的小长方形网格数量是：$4 \times 3 = 12$（个）。

同时，线段接触的三角形都是半个网格。

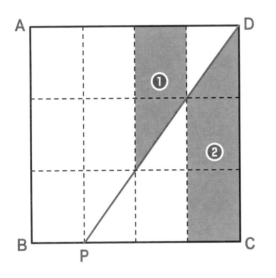

图形**①**等于：1 个网格 + 1 个三角形，即 1.5 个网格。
图形**②**等于：2 个网格 + 1 个三角形，即 2.5 个网格。

因此，涂色部分网格数为：
**①** + **②** = 1.5 + 2.5 = 4（个）。
也就是说，涂色部分占总体的 $\frac{4}{12}$，即 $\frac{1}{3}$。
则涂色部分的面积为

$$12 \times 12 \times \frac{1}{3} = 48 \text{（cm}^2\text{）。}$$

横向折痕将AB三等分，你发现了吗？

请将折纸用纸进行纵向三等分，做 3 条长条诗笺吧。

应该怎样剪才对呢？请采用折痕、网格的思路进行思考。

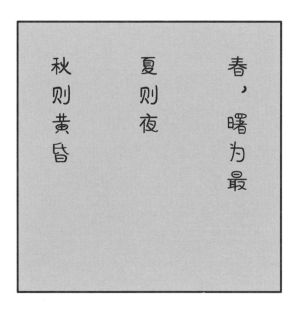

这是一道问题32的升级版题目。

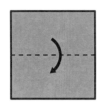

首先进行对边折。

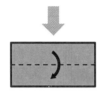

继续进行对边折。

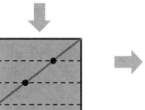

注意出现的折痕
和格点！

如图所示，用边对折的方式折出 3 条横向折痕。然后作出线段 AB，在与横向折痕相交的格点上，作出纵向折痕。沿着纵向折痕剪下去，折纸用纸就能分为三等分的长条诗笺了。

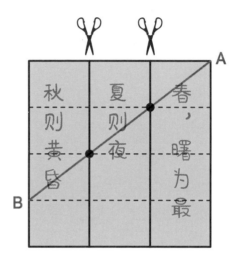

发现了嘛，和问题 32 是同样的图形！
画出剪刀标志的位置，就是边的三等分的点。

你也来做一做长条诗笺吧。

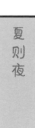

在问题 33 中，我们将折纸用纸进行纵向三等分，做了 3 条长条诗笺。现在，我们需要让每条长条诗笺继续进行纵向三等分。应该怎样剪才对呢？请采用折痕、网格的思路进行思考。

你能剪出准确的三等分吗？

方法是同样的。

如下图所示，作出线段 AB，在与横向折痕相交的格点上，作出纵向折痕。沿着纵向折痕剪下去，长条诗笺就能继续纵向三等分了。

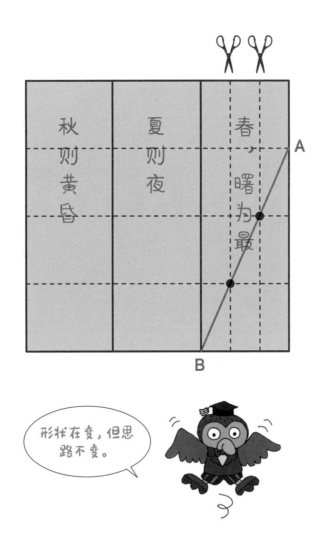

形状在变，但思路不变。

在问题 33 中，我们将折纸用纸进行纵向三等分，做了 3 条长条诗笺。
那么进行纵向五等分，想要做 5 条长条诗笺，应该怎样剪呢？

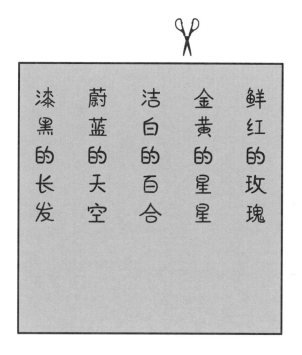

四等分的话，就很
简单了……

进行两次对边折，可以将折纸用纸四等分。再进行一次对边折，可以让折纸用纸八等分。如下图所示，在与横向折痕相交达到 5 个格点的位置，作出线段 AB，然后作出纵向折痕。沿着纵向折痕剪下去，就能做出五等分的长条诗笺了。

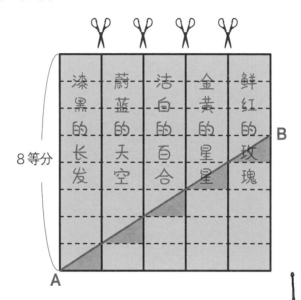

使用相同的方法，还可以求六等分、七等分。

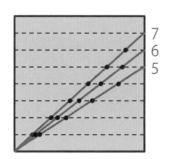

每个直角三角形的大小都相等，所以能判断是准确的五等分。

长方形 ABCD 的宽为 12cm，长为 16cm。

如下图所示，作出让宽二等分、让长四等分的折痕。

这时，涂色部分的面积是多少？

请采用折痕、网格的思路进行思考。

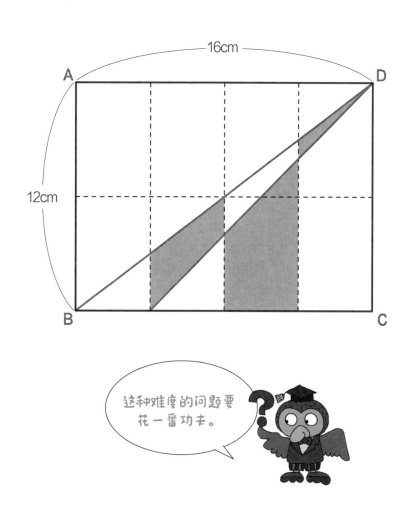

这种难度的问题要花一番功夫。

**解析** 如图 1 所示，将边 AB 进行四等分，作出横向折痕。可知图形 **①**为 1.5 个网格，图形 **②**为 3.5 个网格。

图 1

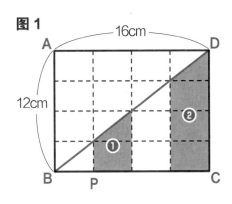

1 个网格的面积为：$4 \times 3 = 12$（cm²）。

图形**①**面积为：$12 \times 1.5 = 18$（cm²）。

图形**②**面积为：$12 \times 3.5 = 42$（cm²）。

如图 2 所示，再来考虑正方形 CDQP。先将边 PQ 进行三等分，作出横向折痕。这是解题关键。

图 2

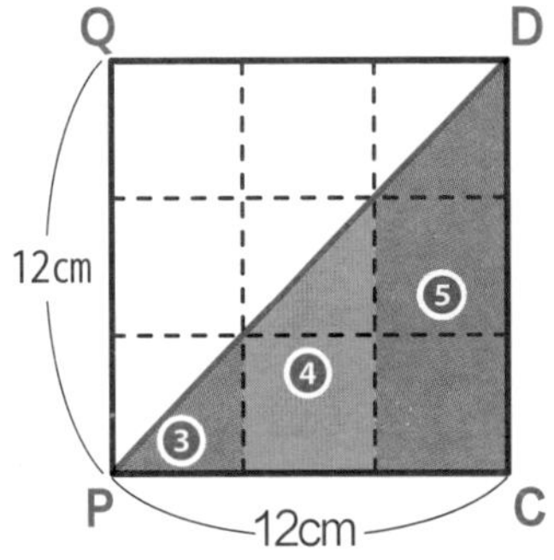

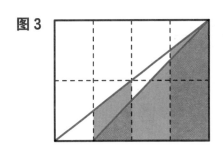

1 个网格的面积为：$4 \times 4 = 16$（cm²）。

图形**③**面积为：$16 \div 2 = 8$（cm²）。

图形**④**面积为：$16 \times 1.5 = 24$（cm²）。

图形**⑤**面积为：$16 \times 2.5 = 40$（cm²）。

图 3

因此，涂色部分的面积为：

（**①**－**③**）＋**④**＋（**②**－**⑤**）

$= 18 - 8 + 24 + 42 - 40$

$= 36$（cm²）。

这一题很有难度哦，做好准备。

如下图所示，将正方形的折纸用纸进行三等分。

已知，点 P 在边 AB 上，点 Q 在线段 PD 上。

① 点 P 在边 AB 的什么位置？

② 点 Q 在线段 PD 的什么位置？

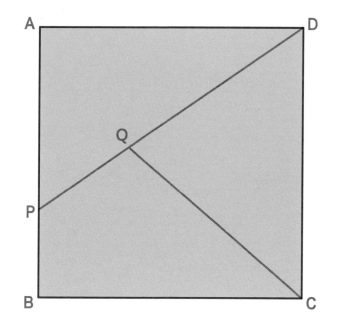

这道题利用了求三角形面积的方法。以三角形ADP为例，底是AD，高是AP。

①

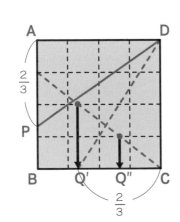

②

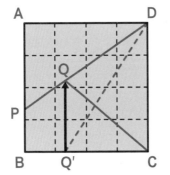

**解析**

求 AB 的三等分点。

以 AD 为底边，

当高 AP 是 AB 的 $\frac{2}{3}$ 时，

三角形 ADP 的面积为：

$1 \times \frac{2}{3} \times \frac{1}{2} = \frac{1}{3}$。

因此，AP 是 AB 的 $\frac{2}{3}$。

思考以 CD 为底边的三角形。三角形的高与①中相同，也是正方形边的 $\frac{2}{3}$。因此，求 BC 的三等分点，作出点 Q' 和点 Q''。

已知，三角形 Q'CD 的面积是正方形的 $\frac{1}{3}$。当穿过点 Q' 的纵向折痕与 PD 相交于点 Q 时，可知三角形 CQD 的面积也是正方形的 $\frac{1}{3}$。（同底等高，面积相等）

因此，DQ 是 DP 的 $\frac{2}{3}$。

面积问题与
勾股定理

　　"勾股定理"是初中数学中的一个重要知识点。之所以没有在小学展开学习，是因为在计算的时候，不可避免会出现无理数的情况。

　　但是，如果将这个知识点限定在自然数范围内，那么小学生也是可以掌握的。在考试中，也经常出现将正方形的边作为直角三角形的斜边，求正方形面积的问题，或者求平方和的问题。

　　因此在本书中，会利用折纸向大家简要地介绍"勾股定理"这一知识点。通过乘法来表示正方形的面积，以这种表述方式，开启对知识点的理解之门。

**本章涉及的数学概念**　　（ ）内为参考使用年级

● 正方形·三角形的面积（小学 5 年级～）

如下图所示，将折纸用纸作出4×4网格。

涂色部分的面积是多少个网格？

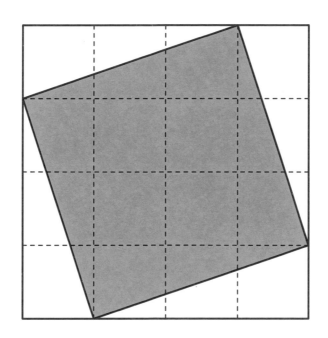

数一数网格数量吧。
直角三角形又是多
少个网格？

如下图所示，涂色部分由 4 个直角三角形和 1 个小正方形组成。

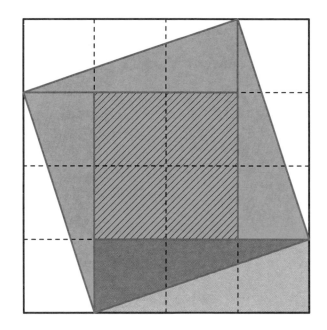

已知，直角三角形是 3 个网格二等分之后的图形。

因此，直角三角形的面积是：3÷2 = 1.5（格）。

4 个直角三角形的面积是：1.5×4 = 6（格）。

小正方形的面积是：2×2 = 4（格）。

所以涂色部分面积是：6 + 4 = 10（格）。

点 P、Q、R、S 是折纸用纸各边上的三等分的点。

假设折纸用纸的边长是 9cm，正方形 PQRS 的面积是多少？

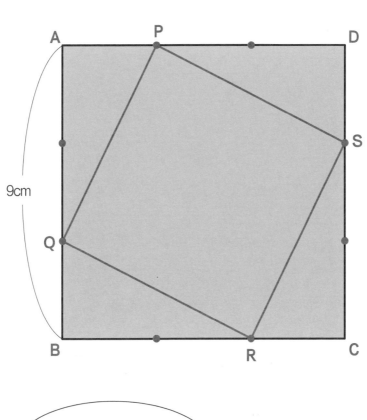

这是考试中的常见问题哦。采用折痕、网格的思路进行思考吧。

解析 如下图所示，在折纸用纸上分别作出横向和纵向三等分的折痕。

可知，正方形 PQRS 由直角三角形和小正方形组成。

在这里将介绍两种解法。

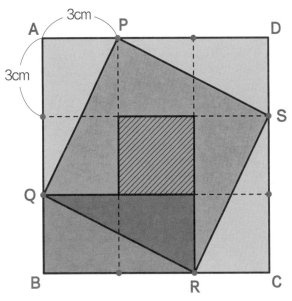

❶ 已知，直角三角形是 2 个网格二等分之后的图形，即 1 网格。

4 个直角三角形的面积是：

1×4 = 4（格）。

中心的小正方形的面积是 1 网格，总和为 5 网格。

1 网格的面积是：

3cm×3cm = 9cm²。

因此，正方形 PQRS 的面积是：5×9 = 45（cm²）。

❷ 使用面积公式计算直角三角形的面积：

6cm×3cm÷2 = 9cm²。

4 个直角三角形的面积和是：

9×4 = 36（cm²）。

中心的小正方形的面积是：

3cm×3cm = 9cm²。

因此，正方形 PQRS 的面积是：36 + 9 = 45（cm²）。

两种方法都要掌握！

点 P、Q、R、S 是折纸用纸各边上的二等分的点。

各点与正方形的顶点相连后，作出了一个小正方形。

请问大正方形的面积是小正方形的多少倍？

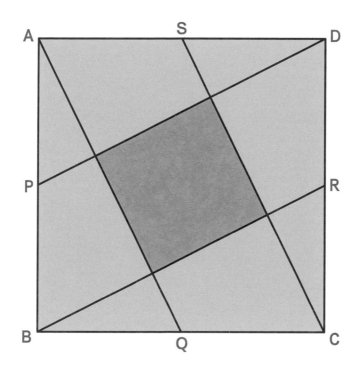

采用折痕、网格的思路，问题会变得很简单哦。

**解析** 如下图所示，在三角形上涂上颜色。

假设中央的正方形为 1 网格，那么，2 个深红直角三角形为 2 网格，2 个浅红直角三角形为 2 网格。可知，大正方形的大小为 1 + 2 + 2 = 5（格）。

因此，大正方形的面积是小正方形的 5 倍。

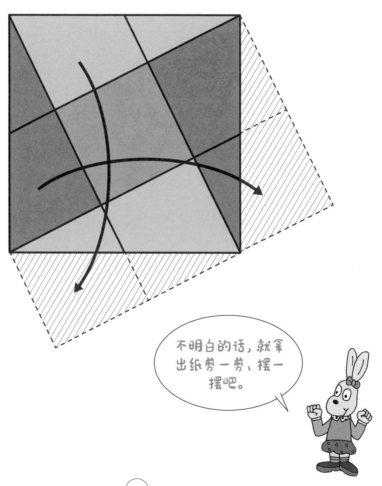

不明白的话，就拿出纸剪一剪、摆一摆吧。

直角三角形 ABC 的斜边 AB 是 10cm，三边之和是 24cm。

如下图所示，将 4 个直角三角形进行摆放后，中间会出现一个小正方形。

这个小正方形的面积是多少？

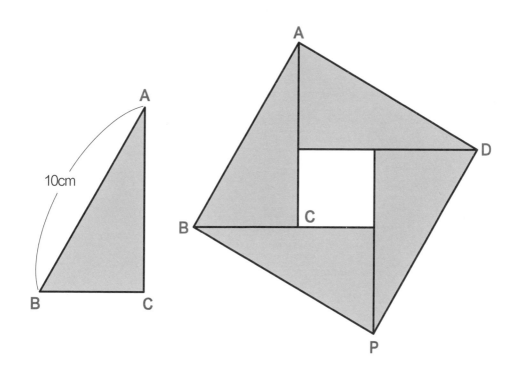

利用直角三角形，还能摆出更大的正方形，这是解题关键。你有思路了吗？

解析 如下图所示，在正方形 ABPD 外侧，使用直角三角形摆出一个更大的正方形 EFGH。

已知，三角形 ABC 和三角形 ABE 大小相等。

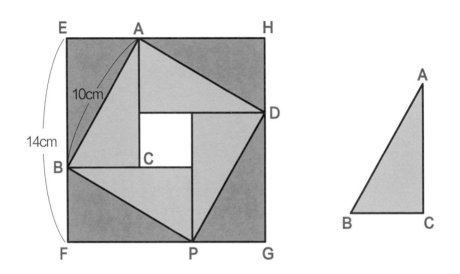

大正方形的边 EF = EB + BF = AC + BC = 24 - 10 = 14（cm）。

那么，大正方形 EFGH 的面积是：14 × 14 = 196（cm²）。

正方形 ABPD 的面积是：10 × 10 = 100（cm²）。

可知，4 个直角三角形的面积等于大正方形 EFGH 的面积减去正方形 ABPD 的面积。即，196 - 100 = 96（cm²）。

再将目光转回到正方形 ABPD。中间最小的正方形的面积等于正方形 ABPD 的面积减去 4 个直角三角形的面积。

因此，中间最小的正方形的面积为：100 - 96 = 4（cm²）。

设直角三角形的斜边为□，两条直角边
分别为○和△，它们的关系如下：
○ × ○ + △ × △ = □ × □。

这条公式表达的是，直角三角形两条直
角边的平方和等于斜边的平方。（平方是
两个相同的数相乘所得的乘积）

中国古代称直角三角形为勾股形，其中
直角边中较短者为勾，另一长直角边为
股，斜边为弦，所以称这个定理为"勾
股定理"，也有人称为"毕达哥拉斯定
理"。

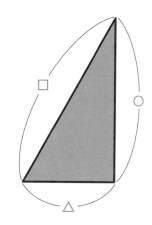

根据这个公式，只要知道直角三角形其
中两边的长度，就能求出另一边的长度。
如图 1 所示，
3×3 + 4×4 = 9 + 16 = 25，
25 = 5×5。
因此，□中应填入 5。

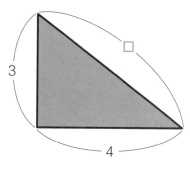

图1

接下来，我们来验证一
下"勾股定理"吧。

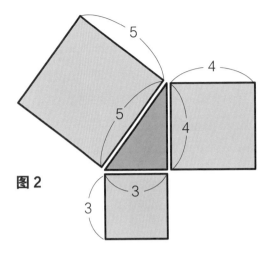

图 2

在 3×3 + 4×4 = 9 + 16 = 25 中，可以将 3×3 看作边长为 3 的正方形的面积。

如图 2 所示，以此类推，4×4、5×5 也可以分别看作是边长为 4 和 5 的正方形的面积。
如图 3 所示，

$\bigcirc \times \bigcirc + \triangle \times \triangle = \square \times \square$。

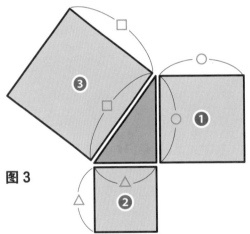

图 3

也就是说，正方形❶❷相加的面积，等于大正方形❸的面积。

那么问题又来了，如何证明❶ + ❷ = ❸呢？

❶ + ❷ = ❸

如图4、图5所示，分别使用正方形❶、
❷和4个直角三角形、正方形❸和4个
直角三角形，组成大正方形。

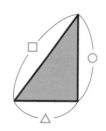

**图4**

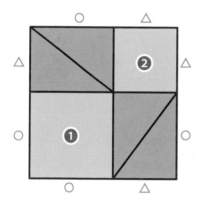

在图4中，4个直角三角形以及
边长分别为○和△的两个正方形，
组成了一个大正方形。

在图5中，边长为□的正方形和
4个直角三角形，组成了一个大
正方形。

**图5**

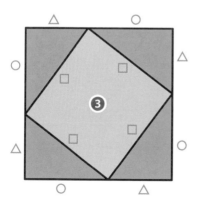

比较一下图4和图5，
仔细观察，看看正方
形❶❷❸之间有什
么关系。

那么，请比较一下图4和图5。
可以发现，大正方形的边长都是○+△，
因此两个大正方形的面积相等。

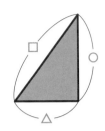

**图4**

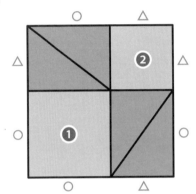

在图4和图5中，都有4个直角三角形。

4个直角三角形的面积都相等，因此，大正方形的面积减去4个直角三角形的面积后，剩下的面积也相等。

用算式可以表示为：（图4减去4个直角三角形）=（图5减去4个直角三角形）。
即，**❶**+**❷**=**❸**。

**图5**

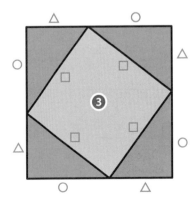

套入面积公式可以表示为：
○×○+△×△=□×□。

通过这样的方式，我们成功验证了
○×○+△×△=□×□是正确的。

如下图所示，用4个直角三角形摆出一个正方形。

中间的小正方形的面积是多少？

请利用勾股定理求小正方形的面积。

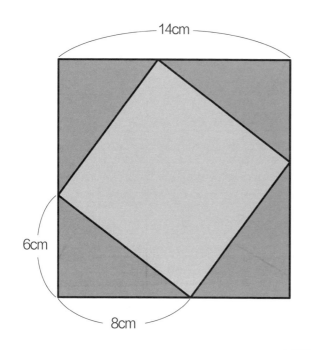

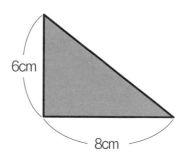

还没有理解"勾股定理"的小伙伴，请再把数学小栏目的内容看一遍，可以拿出纸剪一剪、摆一摆。

解析

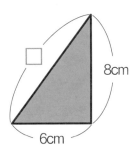

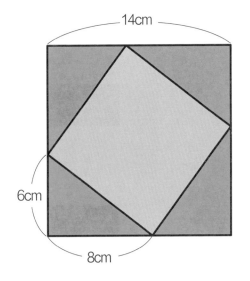

套入勾股定理公式，
可得 6×6 + 8×8 = 100，
100 = 10×10。可知直角三角形
的斜边（图中的□）为 10cm。

因为小正方形的边长为 10cm，所
以面积为：10×10 = 100（cm²）。

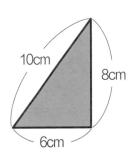

使用"勾股定理"，问
题变得好简单呀！

如下图所示，在折纸用纸上作出折痕、网格，中间的涂色部分是一个正方形。

假设每个网格的面积为1，那么涂色部分的面积是多少？

这道题也请利用勾股定理求解。

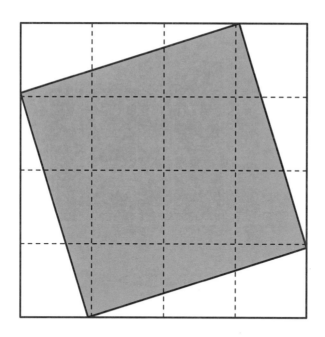

**解析**

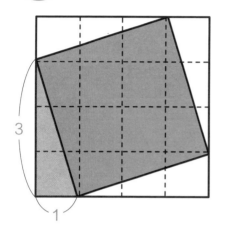

如左图所示，直角三角形的两条直角边分别为 1 和 3。

套入勾股定理公式，
可得 3×3 + 1×1 = 10，
直角三角形的斜边的平方（两个相同的数相乘所得的乘积）为 10。

直角三角形斜边的平方就是中间正方形边长的平方，也就是说，等于正方形的面积。

因此，正方形的面积是 10。即涂色部分的面积是 10。

---

**给想学习更多的小伙伴**

关于 □ × □ = 10

可以写成某个整数的平方的数，叫做"平方数"。

比如说，1、4、9、16、25……都是平方数。

$1×1 = 1$          $2×2 = 4$

$3×3 = 9$          $4×4 = 16$          $5×5 = 25$

很明显，10 并不是平方数。两个相同数相乘等于 10 或 2 的时候，这两个数分别是 $\sqrt{10}$ 和 $\sqrt{2}$。

它们叫做"算术平方根"，这属于初中学习的内容。了解这一内容，对于之后的学习挑战更有帮助。（$\sqrt{\phantom{a}}$ 读作"根号"，$\sqrt{10}$ 读作"根号 10"）

因为 $10 = \sqrt{10} × \sqrt{10}$，所以面积为 10 的正方形的边长是 $\sqrt{10}$。

以此类推，因为 $2 = \sqrt{2} × \sqrt{2}$，所以面积为 2 的正方形的边长是 $\sqrt{2}$。

补充说一点，$\sqrt{2} = 1.41421356……$小数部分无穷尽。这样的数字两数相乘后，无限接近于 2。数学的世界真是充满着太多的奇妙了。

挑战天才级
思维拓展题

　　在本章中，将展示本书总结的一系列与剪纸脑力游戏相关的天才级思维拓展题目。

　　这些题目的方向类型、解题思路是基于前面的学习内容的。需要说明的是，这里收录的题在精不在难，大家认真思考就能解出来。

　　同时，我们希望通过求解这些题目，拓展大家对数学的思考能力。

　　数学能力，就是随着与经典问题的碰撞而不断提升的。

　　虽然，运算能力需要练习提升，但思考能力更需要进一步的重视和培育。

　　因此，我们非常鼓励那些想要培养数学思维能力的小伙伴，积极加入到这场学习挑战中来。

如图1所示，将边长为10cm的正方形纸，进行3次对角折。

如图2所示，在两条边二等分的位置上，剪一刀。

展开折纸，求最终的剪纸图案的面积。

**图1**

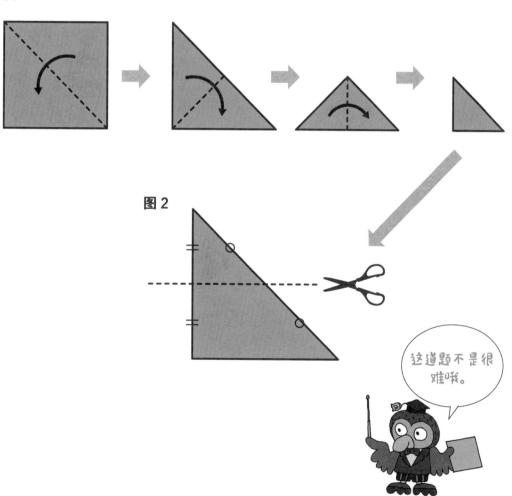

**图2**

这道题不是很难哦。

解析

如图 1 所示，因为 AP = CP，所以三角形 ABP 和三角形 BCP 面积相等。

图 1

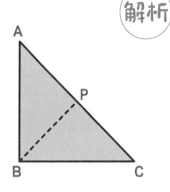

如图 2 所示，因为 AQ = BQ，所以三角形 AQP 和三角形 BQP 面积相等。

因此，三角形 ABC 的面积是三角形 ABP 的 2 倍，三角形 ABC 的面积是三角形 AQP 的 4 倍。

图 2

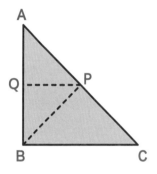

可得，四边形 QBCP 的面积是三角形 ABC 面积的 $\frac{3}{4}$。

展开折纸后，比例不变。所求剪纸图案的面积为：

$$10 \times 10 \times \frac{3}{4} = 75 ( cm^2 )。$$

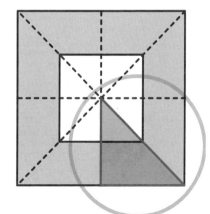

展开后的剪纸图案

优先思考左图〇圈起来的部分哦。

如下图所示，在正方形中画出 2 条线段，并沿着线段将正方形剪成 3 部分。然后，用这 3 部分重新组成一个长方形。

求这个长方形的宽。

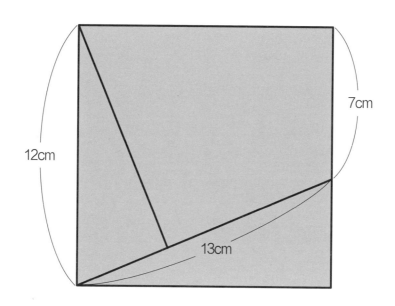

似的问题，我们好像遇到过。你能回想起来吗？

解析

图 1

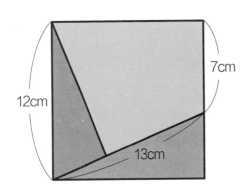

图 2

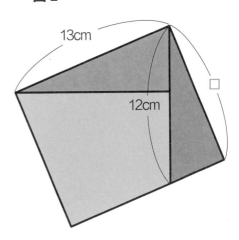

如图 2 所示，这是重新组合而成的长方形。
它的面积和图 1 的正方形相比，没有变化。

$12 \times 12 = 13 \times \square$ ，

$\square = 12 \times 12 \div 13 = 11\frac{1}{13}$ （ cm ）。

找出长方形的一条边的长度是13cm，这是解题的关键。

如下图所示，这是一张票。将这张票的面积进行三等分。
请说明点 P 和点 Q 的位置。

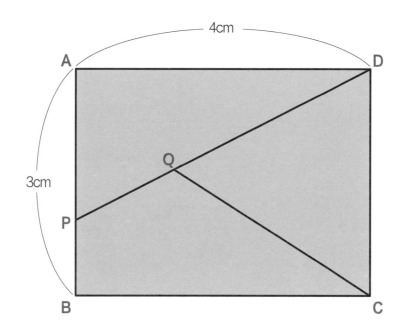

我们在"网格中的数学"这章中学过哦。

图1

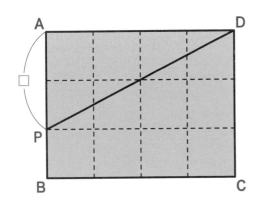

已知，票的面积是：

$3 × 4 = 12（cm^2）$。

面积三等分后，每部分面积都是：

$12 ÷ 3 = 4（cm^2）$。

在底边为 AD 的三角形 APD 中，设高为□，可得 $4 × □ ÷ 2 = 4$，

即□ = 2cm。因此，点 P 在距离点 A2cm 的位置处。

图2

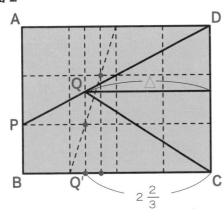

在 PD 上作点 Q。已知，三角形 QCD 的底边为 3，设高为△，

可得 $3 × △ ÷ 2 = 4$，

即△ $= 2\frac{2}{3}$ cm。

因为高为 $2\frac{2}{3}$ cm，

所以作长度为 $2\frac{2}{3}$ 的 CQ'。

如图2所示，过点 Q' 作 BC 的垂线，其与 PD 相交的点就是点 Q。

① 平行四边形的面积为 150cm²。

连接各边中点 A、B、C、D 和平行四边形的顶点，组成一个小平行四边形。求它的面积。

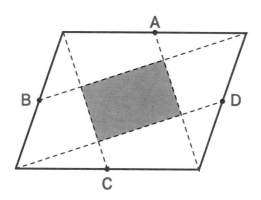

② 这是一个和①相同的平行四边形，E、F、G、H 是一组对边上三等分的点。求涂色部分的面积。

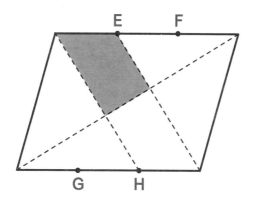

解析

① 通过网格法，可以很轻松地解题。如下图所示，平行四边形由 4 个直角三角形（面积为 4 格）和中间的 1 个网格组成，总面积为 5 格。小平行四边形的面积占总面积的 $\frac{1}{5}$，

所求面积为

$150 \times \frac{1}{5} = 30$（cm²）。

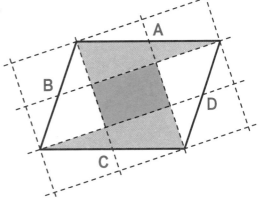

② 如右图所示，通过网格法来进行解题。

可得，平行四边形的面积为：

$6 \times 5 \div 2 = 15$（格）。

涂色部分的面积为 2.5 网格，即，

$150 \times \frac{2.5}{15} = 25$（cm²）。

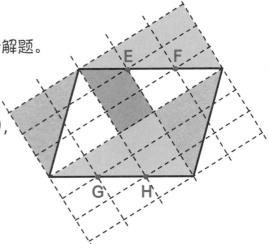

①正方形的面积为 680cm²。将各边进行四等分，如下图所示进行连接。求涂色部分的面积。

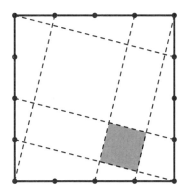

②同样的正方形将各边进行二等分，如下图所示进行连接。求涂色部分的面积。

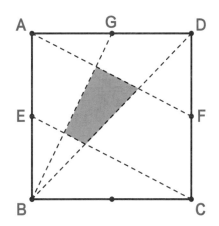

解析 如下图所示，可以画出网格帮助思考。

①如右图所示，画出不同颜色的网格。可以发现，2个深红色直角三角形的面积占4格，2个浅红色直角三角形的面积占4格，中间正方形的面积占3×3格。可得，大正方形的面积占：$4×2 + 3×3 = 17$（格）。因此，所求图形的面积为：$680 × \frac{1}{17} = 40$（cm²）。

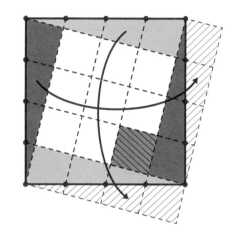

②如右图所示，画出不同颜色的网格。可以发现，2个深红色直角三角形的面积占2格，2个浅红色直角三角形的面积占2格，中间正方形的面积占1格。可得，大正方形的面积占：$2×2 + 1 = 5$（格）。此外，中间正方形的红色部分和白色部分的面积相等，面积都是小正方形的一半。因此，红色部分的面积等于总面积的$\frac{1}{5}$的一半，即$\frac{1}{10}$。可得，所求图形的面积为：$680 × \frac{1}{10} = 68$（cm²）。

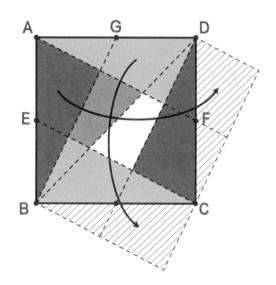

正方形的边长为 1cm，将若干个正方形进行组合摆放，组成各种各样的长方形。连接长方形的对角线，穿过若干个正方形。设与顶点、边相交的点的数量为 n。

如图 1 所示，长方形宽 2cm、长 3cm，n = 5；如图 2 所示，长方形宽 2cm、长 6cm，n = 7。

**图 1**

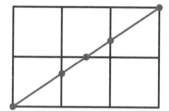

发现其中蕴含的规律，就是解题关键。

**图 2**

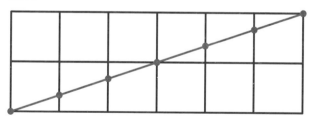

① 当长方形宽 3cm、长 5cm 时，n 是多少？

② 当长方形宽 8cm、长 12cm 时，n 是多少？

③ 当长方形宽 39cm、长 65cm 时，n 是多少？

解析 在第68页的题目中，所求的是线段接触的网格个数。而在这道题中，所求的是 n 的值。这之间既有联系，又有区别。

最终，我们寻找到的规律是：n =（分割后的小长方形横行的网格数量＋分割后的小长方形竖列的网格数量－1）× 横行与竖列网格数量的最大公因数＋1

①当长方形宽 3cm、长 5cm 时，
（3 + 5 - 1）+ 1 = 8，即 n = 8。

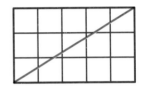

②当长方形宽 8cm、长 12cm 时，
8 = 2×4，12 = 3×4，
8 和 12 的最大公因数是 4。
因此，可以将线段经过的网格分成 4 个 3×2 网格的小长方形。
（3 + 2 - 1）×4 + 1 = 17，
即 n = 17。

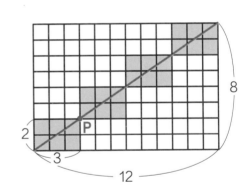

③当长方形宽 39cm、长 65cm 时，
39 = 3×13，65 = 5×13，39 和 65 的最大公因数是 13。
因此，可以将线段经过的网格分成 13 个 5×3 网格的小长方形。
（5 + 3 - 1）×13 + 1 = 92，
即 n = 92。

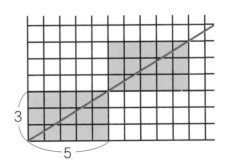

如下图所示，有直角三角形❶、❷，它们的底相等、高不相等。
使用❶和❷，分别组成正方形 ABCD 和正方形 EFGH。求两个正方形
的面积之差。

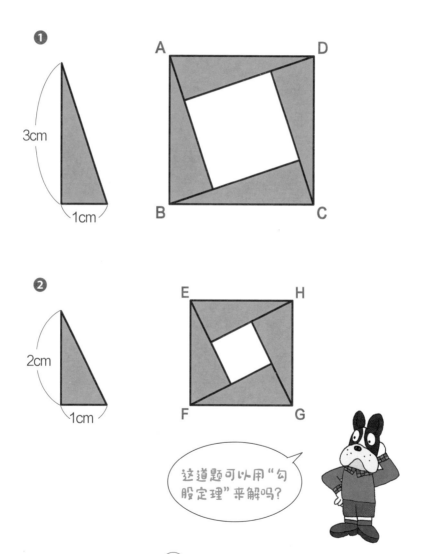

❶

3cm

1cm

❷

2cm

1cm

这道题可以用"勾股定理"来解吗？

**解析**

组成的正方形都有这样的特征：分别以直角三角形❶、❷的斜边为边。注意到这点，就可以利用"勾股定理"解题了。

正方形 ABCD 的面积等于直角三角形斜边边长的平方，即

$$3 \times 3 + 1 \times 1 = 10 \ (cm^2).$$

以此类推，正方形 EFGH 的面积为

$$2 \times 2 + 1 \times 1 = 5 \ (cm^2).$$

因此，两个正方形的面积之差为 $10 - 5 = 5 \ (cm^2).$

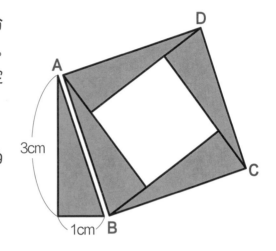

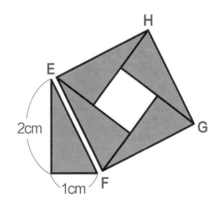